BEI GRIN MACHT SICH IHR WISSEN BEZAHLT

- Wir veröffentlichen Ihre Hausarbeit,
  Bachelor- und Masterarbeit

- Ihr eigenes eBook und Buch -
  weltweit in allen wichtigen Shops

- Verdienen Sie an jedem Verkauf

Jetzt bei www.GRIN.com hochladen
und kostenlos publizieren

Bibliografische Information der Deutschen Nationalbibliothek:

Die Deutsche Bibliothek verzeichnet diese Publikation in der Deutschen National-
bibliografie; detaillierte bibliografische Daten sind im Internet über http://dnb.d-
nb.de/ abrufbar.

Dieses Werk sowie alle darin enthaltenen einzelnen Beiträge und Abbildungen
sind urheberrechtlich geschützt. Jede Verwertung, die nicht ausdrücklich vom
Urheberrechtsschutz zugelassen ist, bedarf der vorherigen Zustimmung des Verla-
ges. Das gilt insbesondere für Vervielfältigungen, Bearbeitungen, Übersetzungen,
Mikroverfilmungen, Auswertungen durch Datenbanken und für die Einspeicherung
und Verarbeitung in elektronische Systeme. Alle Rechte, auch die des auszugsweisen
Nachdrucks, der fotomechanischen Wiedergabe (einschließlich Mikrokopie) sowie
der Auswertung durch Datenbanken oder ähnliche Einrichtungen, vorbehalten.

Impressum:

Copyright © 2007 GRIN Verlag, Open Publishing GmbH
Druck und Bindung: Books on Demand GmbH, Norderstedt Germany
ISBN: 9783656561538

Dieses Buch bei GRIN:

http://www.grin.com/de/e-book/114503/die-entwicklung-des-tourismus-im-emirat-
dubai

Verena Bayer

Die Entwicklung des Tourismus im Emirat Dubai

GRIN Verlag

GRIN - Your knowledge has value

Der GRIN Verlag publiziert seit 1998 wissenschaftliche Arbeiten von Studenten, Hochschullehrern und anderen Akademikern als eBook und gedrucktes Buch. Die Verlagswebsite www.grin.com ist die ideale Plattform zur Veröffentlichung von Hausarbeiten, Abschlussarbeiten, wissenschaftlichen Aufsätzen, Dissertationen und Fachbüchern.

Besuchen Sie uns im Internet:

http://www.grin.com/

http://www.facebook.com/grincom

http://www.twitter.com/grin_com

Rheinisch – Westfälische Technische

Hochschule Aachen

Geographisches Institut

Vereinigte Arabische Emirate – Dubai

SS 2007

Die Entwicklung des Tourismus im Emirat Dubai

Inhaltsverzeichnis

	Seite
Abbildungsverzeichnis	3
1. Einleitung	4
2. Grundlagen und Definitionen	
2.1 Definition Tourismus	5
2.2 Kurzporträt Dubai – Geographische Lage, Klima, Geschichte	5
3. Die Entwicklung des Tourismus	
3.1 Historische Entwicklung der Angebotsstruktur	6
3.2 Historische Entwicklung der Nachfragestruktur	12
4. Zusammenfassung	18
Literaturverzeichnis	19

Abbildungsverzeichnis

Seite

Abb. 1: Die Vereinigten Arabischen Emirate 5

Abb. 2: Erste Hotels in Dubai 6

Abb. 3: Entwicklung des Angebotes an Hotelimmobilien
   nach Produktqualität 8

Abb. 4: Entwicklung des Angebotes an Hotelzimmern
   nach Produktqualität 8

Abb. 5: Diversifizierung der Hoteltypen im Emirat Dubai 9

Abb. 6: Burj – al – Arab 10

Abb. 7: Projektvorhaben vor der Küste von Dubai 11

Abb. 8: The Palm, The Palm Jumeirah, Hotels auf
   The Palm Jumeirah 11

Abb. 9: Hotel Trump International Hotel & Tower
   auf The Palm Jumeirah 12

Abb. 10: Entwicklung der Nachfragemengen von 1988 bis 2005 13

Abb. 11: Gästeankünfte nach Herkunft (1988 – 2000) 15

Abb. 12: Saisonale Verteilung der Übernachtungen in
   Hotelbetrieben 16

1. Einleitung

Die folgende Arbeit befasst sich mit der Entwicklung des Tourismus im Emirat Dubai.

Zu Beginn der Arbeit wird zunächst in einem Kurzporträt ein Überblick über die geographische Lage, das Klima sowie die Geschichte Dubais gegeben. Zudem werden grundlegende Begriffe erklärt.

Im Hauptteil folgt dann die historische Darstellung der Angebotsstruktur mit der Entwicklung des Hotelmarktes und der Diversifizierung der Hoteltypen. Anschließend wird die historische Entwicklung der Nachfragestruktur im Tourismus beschrieben, wobei zunächst die Herkunft der Nachfrager und ihre jeweilige Präferenz bei der Wahl der Hotels nach ihrer Produktqualität analysiert werden. Später folgen die Darstellung des Saisonverlaufes der Nachfrage sowie die historische Entwicklung der saisonalen Verteilung der touristischen Nachfrage nach Übernachtungen in Hotelbetrieben.

Der Schlussteil stellt in einer kurzen Zusammenfassung die Entwicklung des Tourismus in Dubai dar.

2. Grundlagen und Definitionen

2.1 Definition Tourismus

Der Begriff Tourismus beschreibt die Gesamtheit der Beziehungen und Erscheinungen, die sich aus einem Ortswechsel und dem Aufenthalt von Personen ergeben, die am Aufenthaltsort weder hauptsächlich noch ständig leben und arbeiten. Er führt zu Wanderbewegungen von Millionen von Menschen und sowohl zu soziokulturellen Begegnungen als auch zu Konfrontationen zwischen den Reisenden und den Einheimischen (Dettmer 1998, S.14f.).

Der Tourismus stellt einen erheblichen Wirtschaftsfaktor dar, trägt mit einem Anteil von mehr als 20% zum Bruttoinlandsprodukt bei und zählt daher zu den wichtigsten Wachstumsbranchen im Emirat Dubai (Heck 2004, S. 13).

2.2 Kurzporträt Dubai – Geographische Lage, Klima, Geschichte

Die Vereinigten Arabischen Emirate (VAE) liegen auf einer Halbinsel, die in den Arabischen Golf hineinragt und bilden einen Zusammenschluss aus den sieben Scheichtümern Abu Dhabi, Ajman, Fujairah, Ras al-Khaimah, Sharjah, Umm al-Qaiwain und Dubai (Vgl. Abb. 1).

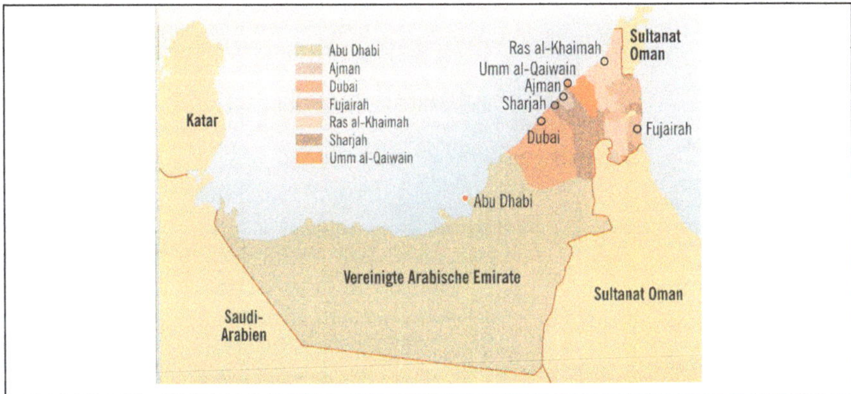

Abb. 1: Die Vereinigten Arabischen Emirate

Quelle: Bissinger 2006, S. 122

Das Emirat Dubai hat eine rund 70 km lange Küste am Persischen Golf und grenzt im Norden an Sharjah sowie im Süden an Abu Dhabi. Mit einer Fläche von ca. 4000 km² ist es nach Abu Dhabi das zweitgrößte Emirat der VAE (Heck / Wöbcke 2005, S. 145) Dubai liegt in der tropischen Halbwüsten- und Wüstenklimate, d.h. es herrscht subtropisch arides Klima mit ganzjährig warmen bis heißen Temperaturen und Trockenheit. Nur durchschnittlich fünf Tage im Jahr fällt Regen (Heck 2004, S. 76).

Bevor im Jahr 1966 das erste Erdölvorkommen vor der Küste Dubais entdeckt wurde, lebten die Menschen vorwiegend vom Fischfang und Perlentauchen. Mit der Förderung und dem Export von Erdöl, aber auch mit der Eröffnung des Freihandelshafens entwickelte sich Dubai in den folgenden Jahren zu einem bedeutenden Wirtschafts- und Handelszentrum (Heck 2004, S. 30ff.). Aufgrund der knapper werdenden Ölressourcen und um ein stabiles Wirtschaftswachstum unabhängig vom Öl zu gewährleisten, setzt Dubai seit den 1990er Jahren verstärkt auf den Ausbau des Dienstleistungssektors und fördert damit das stetige Wachstum des Tourismus (Bunt, van de 2004; S. 63).

3. Die Entwicklung des Tourismus

3.1 Historische Entwicklung der Angebotsstruktur

Aufgrund des Reichtums durch den Export von Erdöl und der zunehmenden Anzahl der Geschäftsreisenden entstanden Ende der 1960er Jahre in Dubai die ersten Hotelbauten (Vgl. Abb. 2).

Abb. 2: Erste Hotels in Dubai
Quelle: Bissinger 2006, S. 9

Allerdings war dieses Angebot anfangs nicht sehr vielfältig und beschränkte sich hauptsächlich auf das zwei- und drei-Sterne Segment. Heute noch existent sind das 1963 - noch vor dem Erdölboom eröffnete - Regent Palace Hotel und das 1968 eröffnete Ambassador Hotel (Bunt, van de 2004, S. 84). Die Fertigstellung des Dubai International Airport im Jahr 1971 stellte eine ausreichende verkehrliche Anbindung sicher und bildete daher die wichtige Grundlage für den weiteren Ausbau des touristischen Angebotes.

Innerhalb der nächsten Jahre wurde der Hotelmarkt für den Geschäftsreiseverkehr um Hotels aus der vier-Sterne Kategorie, wie z.B. dem Intercontinental (1975), dem Sheraton Dubai

Hotel & Towers (1978), dem Hilton International Dubai (1978) und dem Hyatt Regency Dubai (1980) erweitert (Bunt, van de 2004, S. 85). Wie in Abb. 5 dargestellt entstanden im weiteren Verlauf seit 1982 auch gemischt genutzte Hotelbauten (Mixed-Use Developments). Diese verbanden den Hotelbetrieb mit zusätzlichen Nutzungen, wie Büros, Einzelhandelsflächen und Konferenzzentren. Ein Beispiel für Mixed-Use Developments ist das 1993 erbaute Marriott Hotel, das eine Mischung aus Hotel und Shopping-Mall darstellt. Mit dem Hatta Fort Hotel und dem Jebel Ali Hotel & Golf Resort eröffneten Anfang der 1980er Jahre die ersten Resorthotels, deren Nachfrage überwiegend über Geschäftsreisende und erholungssuchende Städter generiert wurde (Bunt, van de 2004, S. 263ff.).

Lange Zeit beschränkte sich der Tourismus in Dubai im Wesentlichen auf den Geschäftsreiseverkehr. Erst die knapper werdenden Ölressourcen veranlassten in den 1990er Jahren verstärkt Marketingmaßnahmen (u.a. der Fluglinie Emirates) zur Förderung des Urlaubsreiseverkehrs (Statistisches Bundesamt 1995; S. 83). Die städtebauliche Erschließung der Strandgebiete und die Entwicklung von freizeit- und urlaubsorientierten Einrichtungen förderten zunächst die Entwicklung der ersten Strandhotels aus dem drei-Sterne Segment (z.B. Metropolitan Beach Resort 1991) und bildeten die Grundlage für den wachsenden Marktanteil der Hotels im vier- aber auch erstmals im fünf-Sterne Bereich (Bunt, van de 2004, S. 85). Im Jahr 1997 eröffnete mit dem Jumeirah Beach Hotel das erste fünf-Sterne Strandhotel in Dubai. Seitdem stellen die fünf-Sterne Hotels nach den vier-Sterne Hotels das am stärksten wachsende Marktsegment mit durchschnittlich 1,7 Hoteleröffnungen pro Jahr dar (Bunt, van de 2004, S. 81) (Vgl. Abb.3 / Abb.4).

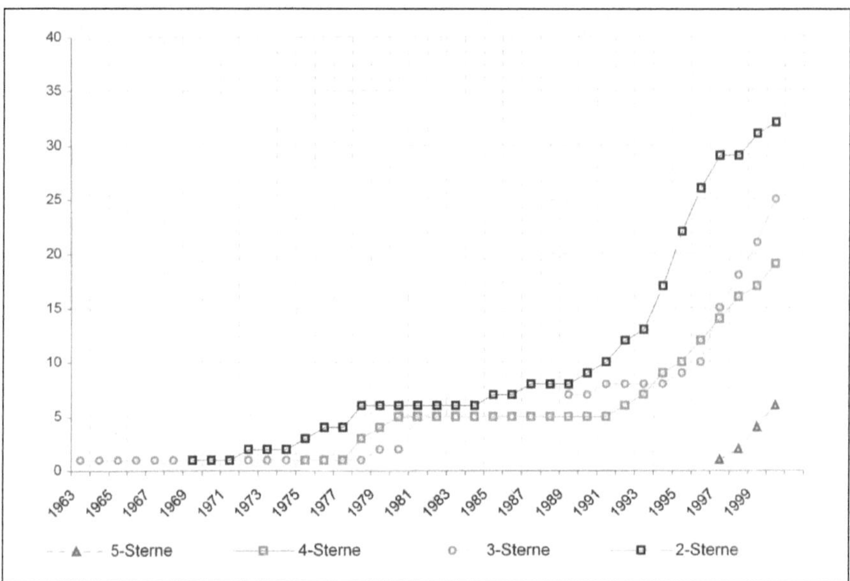

Abb. 3: Entwicklung des Angebotes an Hotelimmobilien nach Produktqualität

Quelle: Bunt, van de 2004, S. 82

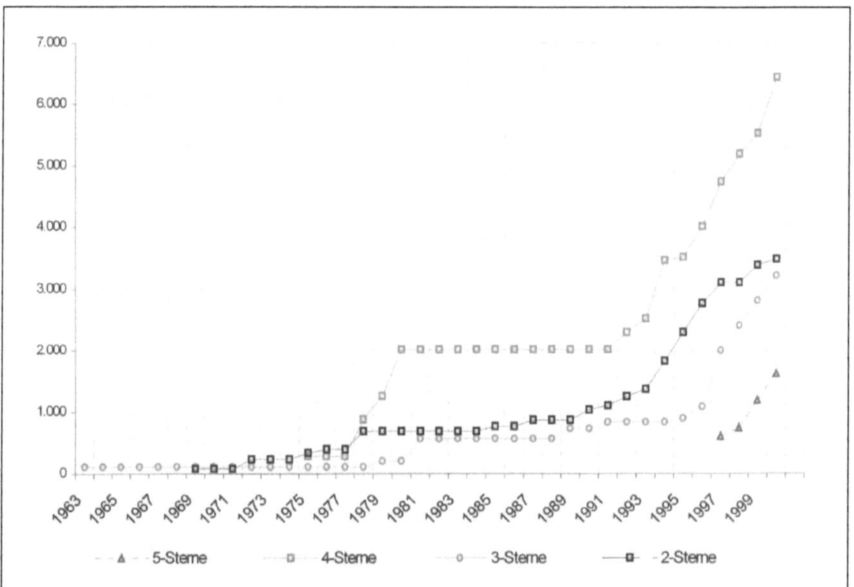

Abb. 4: Entwicklung des Angebotes an Hotelzimmern nach Produktqualität

Quelle: Bunt, van de 2004, S. 82

Zählten im Jahr 2000 noch 22 Hotels zur fünf-Sterne Kategorie, so konnte dieses Segment bis zum Jahr 2005 auf eine Anzahl von 36 Hotels ausgebaut werden und stellt damit nun einen bedeutenden Anteil an der Gesamtzahl der 290 Hotels (Department of Tourism & Commerce Marketing 2006, S.11).

Sowohl qualitativ als auch architektonisch unterscheidet sich das 1999 eröffnete Hotel Burj-al-Arab von den anderen Resorthotels, weshalb es in Abb. 5 als einziger Vertreter der Entwicklungslinie der Super-Luxus-Hotels fünf-Sterne++ zugeordnet wurde (Bunt, van de 2004, S. 266).

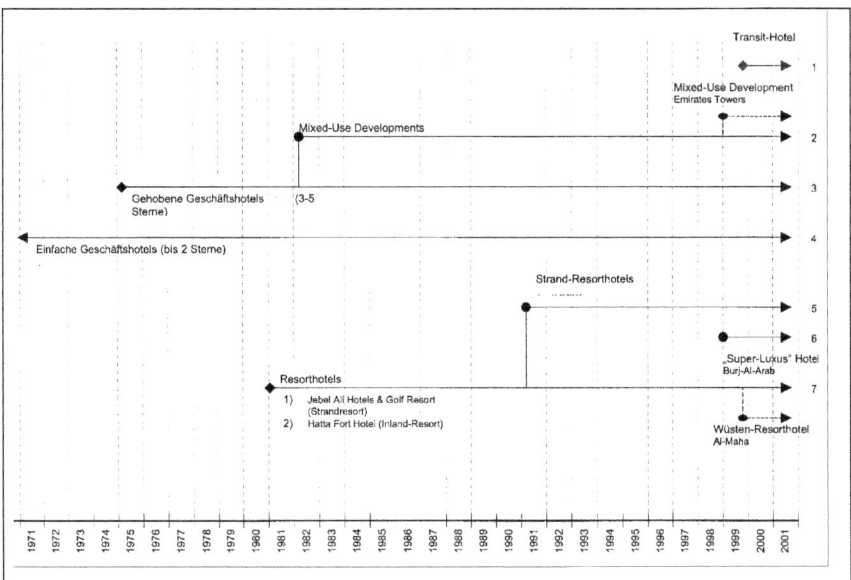

Abb. 5: Diversifizierung der Hoteltypen im Emirat Dubai

Quelle: Bunt, van de 2004, S. 264

Das Burj-al-Arab wird als das erste sieben-Sterne Hotel der Welt vermarktet. Seit seiner Eröffnung gilt es als das Wahrzeichen Dubais, dessen Bauform an das Segel eines traditionellen arabischen Segelbootes erinnern soll (Bunt, van de 2004, S. 286) (Vgl. Abb. 6). Auf einer künstlich angelegten Insel ca. 280m vor der Küste liegt der 321m hohe Hotelturm mit seinen 202 doppelstöckigen Suiten mit Größen von 170 m² bis 780 m² (Heck 2004, S. 132). Das Burj-al-Arab ist damit nicht nur das höchste Hotel der Welt, sondern mit Preisen von 1500 € pro Nacht das teuerste Hotel Dubais (Ranft 2002, S. 36).

Abb. 6: Burj-al-Arab
Quelle: Ranft 2002, S. 28

Die historische Entwicklung der Angebotsstruktur zeigt, dass die zunehmende Bedeutung Dubais als Urlaubsdestination seit den 1990er Jahren eine wachsende Diversifizierung des touristischen Angebotes bewirkt hat. Wie in Abb. 5 dargestellt stieg die Anzahl der Hoteltypen, die sich betreffend ihrer standörtlichen, baulichen und qualitativen Merkmale unterscheiden, von einem zu Beginn der 1970er Jahre bis auf sieben verschieden Typen im Jahr 2001 an (Bunt, van de 2004, S. 266ff.).

Vor dem Hintergrund des stark wachsenden Urlaubsreiseverkehrs und des knappen Bodenmarktes, der die Entwicklung weiterer Strandhotels hemmte, entwickelte man zu Beginn des neuen Jahrtausends die Projekte The Palm und The Palm Jumeirah, die nach ihrer Fertigstellung vor der Küste Dubais rund 120 km zusätzlichen für den Tourismus nutzbaren Sandstrand entstehen lassen. Die Projekte umfassen die Aufschüttung zweier künstlicher Inseln in Palmenform vor der Küste von Jumeirah bzw. südlich von Jebel Ali (Bunt, van de 2004, S. 197) (Vgl. Abb. 7).

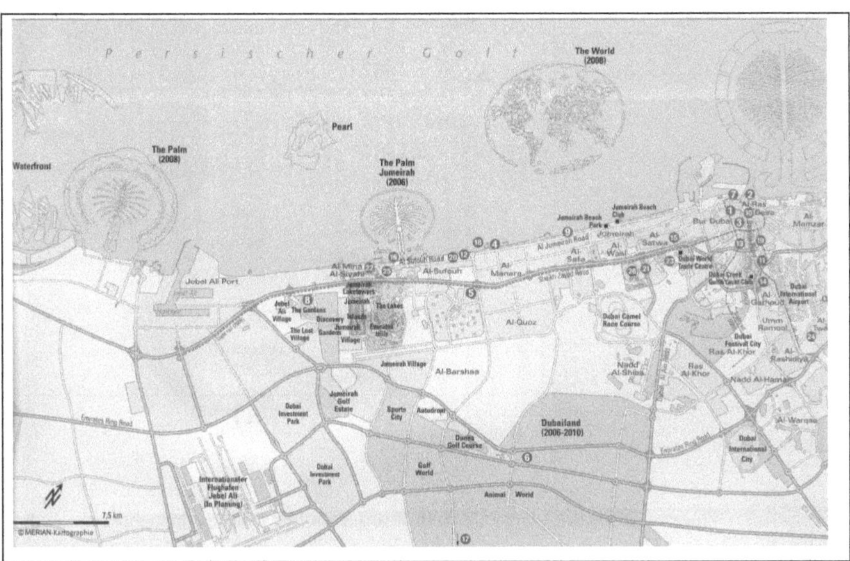

Abb. 7: Projektvorhaben vor der Küste von Dubai

Quelle: Bissinger 2006, S. 133

Jede der Palmeninseln soll nach der Fertigstellung aus einem 2 km langen Stamm und 17 Palmenwedeln bestehen und über 300 m lange Brücken mit dem Festland verbunden werden. Ebenfalls künstlich angelegte Riffe, die die Inseln umschließen, sollen vor hohen Wellen schützen (Vgl. Abb. 8).

Abb. 8: The Palm, The Palm Jumeirah, Hotels auf The Palm Jumeirah

Quelle: Reisebüro Wolf 2006, www.dubai-city.de

Insgesamt werden auf den beiden Inseln bis zu 100 neue Luxushotels, wie z.B. das fünf-Sterne Hotel Trump International Hotel & Tower (Vgl. Abb. 9), exklusive Wohnviertel mit rund. 5000 Strandvillen und 5000 Wohnungen mit Meerblick sowie jeweils zwei Yachthäfen und zahlreiche Restaurants, Einkaufszentren, Sport- und Wellnesseinrichtungen entstehen (Heck 2004, S. 137).

Abb. 9: Hotel Trump International Hotel & Tower auf The Palm Jumeirah
Quelle: TEN Real Estate 2006

Bereits im Oktober 2006 konnten die ersten Residenten ihre Villen beziehen, aber die endgültige Fertigstellung von The Palm Jumeirah wird voraussichtlich im Frühjahr 2007 erfolgen, und die von The Palm wird im Jahr 2008 erwartet (Nakheel 2006). Zudem sind bereits zwei weitere künstlich aufgeschüttete Inseln, The World (voraussichtliche Fertigstellung 2008) und The Palm Deira (voraussichtliche Fertigstellung: 2009), vor der Küste Dubais in Planung.

3.2 Historische Entwicklung der Nachfragestruktur

Nachdem nun die Entwicklung der Angebotsstruktur beschrieben wurde, soll in diesem Kapitel dargestellt werden, inwiefern das vorhandene Angebot nachgefragt wird und wie sich die Nachfrage nach touristischem Angebot historisch entwickelt hat.

Wie die Abb. 10 zeigt, stieg in Dubai seit dem Jahr 1988 die Anzahl der registrierten Ankünfte von Touristen in den Hotels kontinuierlich an. Bis zum Jahr 2005 vervielfachte sich die Anzahl der Hotelgäste von 589.150 auf 5.294.485, was einem durchschnittlichen jährlichen Wachstum von 14,17% entspricht. Sogar während der Zeit des Golfkrieges im Jahr 1990 erreichte Dubai eine leichte Zunahme der Gästeankünfte mit 0,69% (Bunt, van de 2004, S. 89f.). Auch die Anschläge vom 11. September 2001, die den internationalen Tourismus weltweit in eine Krise versetzten, hatten keinen negativen Einfluss auf die Entwicklung des Tourismus in Dubai (Meyer 2004, S. 342). Hier kam es immerhin noch zu einem Wachstum von 8,08% gegenüber dem Vorjahr. Seitdem verzeichnete Dubai fast ausschließlich zweistellige Wachstumsraten.

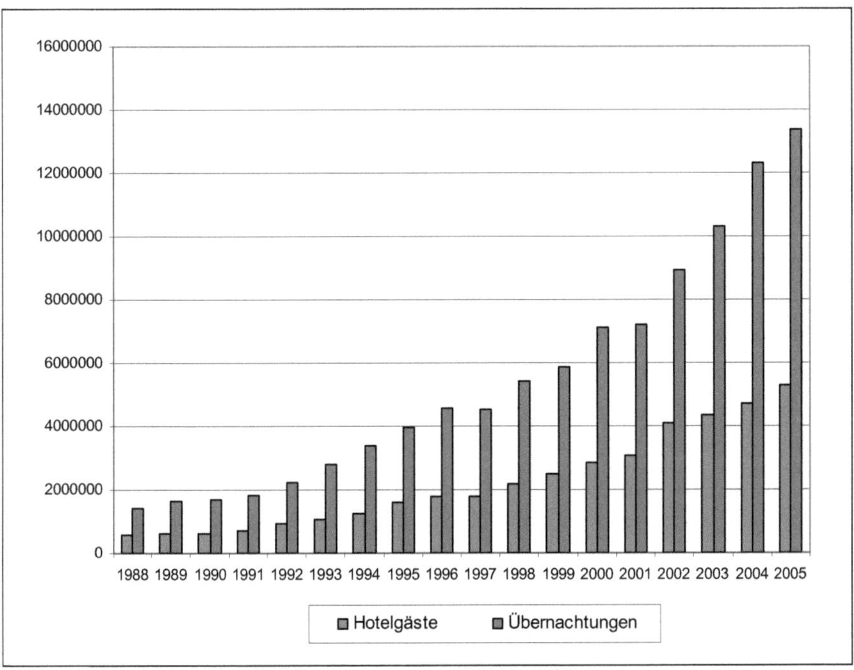

Abb. 10: Entwicklung der Nachfragemengen von 1988 bis 2005

Quelle: Eigene Graphik (Datengrundlage: Bunt, van de 2004, S. 91 und Department of Tourism & Commerce Marketing 2006)

Betrachtet man nun die Entwicklung der Übernachtungen, so lässt sich auch hier ein positiver Trend erkennen. Seit dem Jahr 1988 bis zum Jahr 2005 stieg die Anzahl der Übernachtungen von 1.402.177 auf 13.375.784 an. Dieser Anstieg der Übernachtungen ist auf eine höhere Übernachtungsdauer der Touristen zurückzuführen. Das durchschnittliche jährliche Wachstum der Anzahl von Hotelübernachtungen lag mit einem Wert von 14,50% sogar über dem durchschnittlichen Wachstum der Zahl der Ankünfte (Vgl. Abb. 10) (Bunt, van de 2004, S. 90f.). Die durchschnittliche Aufenthaltsdauer der Hotelgäste stieg innerhalb des Zeitraumes von 1988 und 2005 von 2.38 Nächten pro Hotelgast auf 2,53 Nächte an (Department of Tourism & Commerce Marketing 2006). Diese relativ kurze Aufenthaltsdauer der Hotelgäste lässt trotz des verstärkten Urlaubsreiseverkehrs seit den 1990er Jahren auf einen hohen Anteil an Geschäftsreisenden schließen.

Bei der Herkunft der Nachfrage (Vgl. Abb. 11) stellen die europäischen Länder seit dem Jahr 1994 den mengenmäßig bedeutendsten Nachfragemarkt gemessen in Hotelankünften. Mit einem Marktanteil von 29,61% lagen sie damit im Jahr 2000 noch vor den asiatisch Ländern (Marktanteil 22,39%) und den Mitgliedsländern des Golfkooperationsrates GCC (Marktanteil 21,25%).

Innerhalb der Gruppe der europäischen Länder stellte im Jahr 2000 Großbritannien mit 282.060 Ankünften den größten Teil der Nachfrage. Weitere bedeutende Nachfrager waren Russland mit 175.422 Ankünften und Deutschland mit 124.365 Ankünften (Bunt, van de 2004, S. 93f.). Die Gäste aus Deutschland zeigten die stärkste Neigung, in Hotels des fünf-Sterne Segmentes zu übernachten, während das Angebot aus dem drei- und vier-Sterne Bereich deutlich weniger und das des unteren Marktsegmentes überhaupt nicht in Anspruch genommen wurde. Die Nachfrage aus Großbritannien zeigte eine ähnliche Verteilung, allerdings war sie auch in den unteren Kategorien vertreten. Die Hotelgäste aus Russland hingegen stiegen vorwiegend in Hotels der zwei- und drei-Sterne Kategorie ab. In dieser verzeichneten sie den größten Marktanteil von allen Nationalitäten (Bunt, van de 2004, S. 129ff.).

Neben der internationalen Bedeutung als Reisenziel ist Dubai aber auch ein Zentrum des intra-arabischen Tourismus (Meyer 2004, S. 345). Die Zahl der Touristen aus den GCC Ländern und den anderen arabischen Ländern stieg von insgesamt 144.999 im Jahr 1988 bis auf 1.433.374 im Jahr 2005 an (Department of Tourism & Commerce Marketing 2006). Gäste aus Kuwait und Saudi- Arabien stiegen vorwiegend in fünf-Sterne Hotels ab, während die Touristen aus den anderen arabischen Ländern Hotels im unteren Bereich der Qualitätsskala wählten (Bunt, van de 2004, S. 129ff.). Bei den Ländern des GCC stellte im Jahr 2000 Saudi Arabien mit 582.619 Übernachtungen den mengenmäßig wichtigsten Anteil der Touristen und generierte somit unter allen Nationen nach Großbritannien und Russland die meiste Nachfrage nach Beherbergung (Bunt, van de 2004, S. 95).

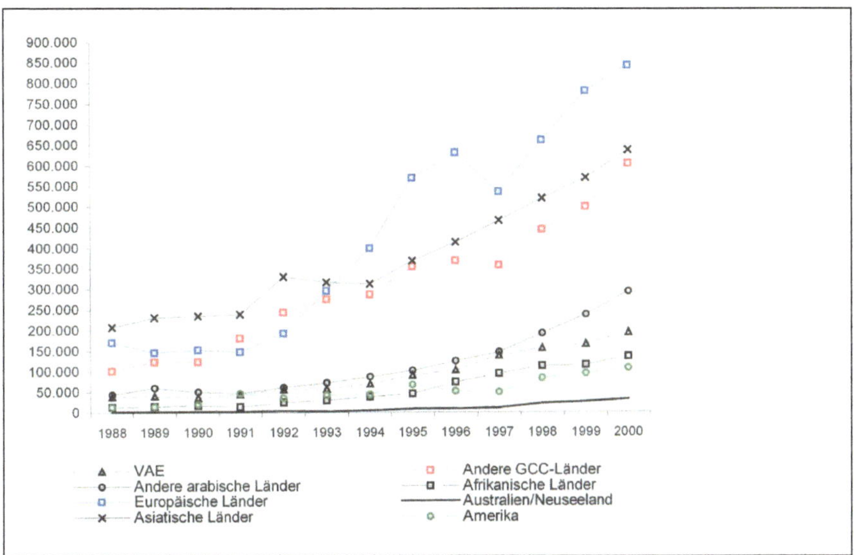

Abb.11: Gästeankünfte nach Herkunft (1988 – 2000)

Quelle: Bunt, van de 2004, S. 93

Betrachtet man die in Abbildung 11 dargestellte Zeitreihe, so wird sofort die Stärke der Nachfragemärkte Europas, Asiens und der anderen GCC Länder über den gesamten Zeitraum von 1988 bis 2000 deutlich. Am stärksten stieg aber die Anzahl der Touristen aus Europa im Zeitraum von 1997 bis zum Jahr 2000 mit einem Zuwachs von 305.334 Hotelgästen. Dieses Wachstum war hauptsächlich auf den enormen Anstieg der Touristen aus den Hauptnachfragemärkten Großbritannien und Deutschland zurückzuführen.

Die VAE, Afrika, Amerika, Australien und Neuseeland befanden sich, trotz relativ hoher jährlicher Wachstumsraten, über den gesamten Zeitraum auf einem mengenmäßig niedrigen Niveau (Bunt, van de 2004, S. 95). Auch im Jahr 2005 lagen ihre Marktanteile an der gesamten Nachfrage mit Werten von 2,49% (Australien / Neuseeland), 4,37% (Afrika), 5,01% (VAE) und 6,06% (Amerika) weiterhin auf einem unteren und für den Tourismus Dubais weitgehend unbedeutenden Rang. Die Nachfrage aus Europa, Asien und den anderen GCC Ländern wuchs auch in dem Zeitraum von 2000 bis 2005 weiter an. Kamen im Jahr 2000 noch 839.633 Touristen aus Europa, so generierten im Jahr 2005 bereits 1.767.901 Gäste mit einem Marktanteil von 33,39% an der gesamten Nachfrage die meiste Nachfrage nach Beherbergung. Auch Asien und die anderen GCC Länder konnten ihre Bedeutung für den Tourismus in Dubai weiter ausbauen. Nach Europa stellten im Jahr 2005 Asien mit einem

Marktanteil von 20,21% und einer Touristenanzahl von 1.070.011, sowie die anderen GCC Länder mit einem Marktanteil von 18,42% und 975.414 Hotelgästen die mengenmäßig bedeutendsten Nachfragemärkte (Department of Tourism & Commerce Marketing 2006). Betrachtet man nun den in der Abb. 12 veranschaulichten Saisonverlauf der Nachfrage des Jahres 2005 nach Übernachtungen in Hotelbetrieben Dubais, so zeigen sich deutliche saisonale Schwankungen des Nachfragevolumens.

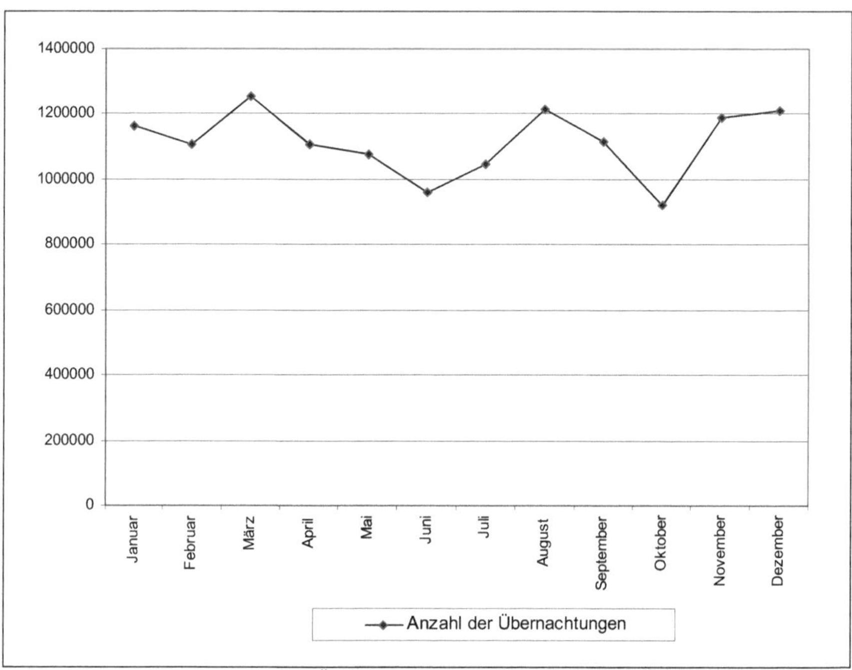

Abb. 12: Saisonale Verteilung der Übernachtungen in Hotelbetrieben 2005
Quelle: Eigene Graphik (Datengrundlage: Department of Tourism & Commerce Marketing 2006)

Im Jahresverlauf zeigt die Darstellung Nachfragegipfel in den Monaten März, August und Dezember mit überdurchschnittlich hoher Nachfrage, sowie Nachfragesenken in den Monaten Mai, Juni, Juli und Oktober. Zudem weisen die Gäste aus den verschiedenen Herkunftsländern Unterschiede im saisonalen Reiseverhalten auf. Touristen aus den europäischen Ländern reisen vorzugsweise in den Monaten November und März, sowie im April in den Osterferien. Auffällig ist außerdem, dass während der Haupturlaubsreisezeit der Europäer in den Monaten Juni, Juli und August die Nachfrage der europäischen Gäste sehr gering ist, weil sich die hohen Temperaturen nachteilig auf die Übernachtungszahlen auswirken. Da die Touristen aus Europa die dominierende Nachfragegruppe in Dubai darstellen, ist die Nachfragesenke in den Monaten Mai bis Juli hauptsächlich auf die geringe Nachfrage aus dieser Region zurückzuführen.

Der Anstieg der Übernachtungen in Hotelbetrieben in den Monaten Februar bis April und Juli bis September geht auf das Reiseverhalten der Touristen aus den GCC Ländern zurück. In diesen Zeiträumen fanden die Verkaufsevents Dubai Shopping Festival (12. Januar – 12. Februar 2005) und Dubai Summer Surprise (22. Juni – 2. September 2005) statt, die mittels Veranstaltungen und Rabataktionen die Nachfrage an Hotelgästen in den heißen Sommermonaten erhöhen (Bunt, van de 2004, S. 96f.). Zukünftig sollen weitere Events und Attraktionen, wie z.B. The Lost City (eine Märchenwelt aus tausendundeiner Nacht in der Wüste inklusive 18 Loch Golfplatz The Inspiration, der die spektakulärsten Bahnen der Welt kopiert), zu einem weiteren Anstieg der Nachfrage in den gästeschwachen Monaten führen (Bremkes 2005, S. 52).

Bei den übrigen Regionen lag keine stark ausgeprägte saisonale Verteilung der Nachfrage vor. Hervorzuheben ist jedoch, dass Touristen aus Asien und Afrika im Dezember und auch zur Weihnachtszeit eine starke Nachfrage aufweisen.

Zusammenfassend ist festzuhalten, dass die Nachfrage aus Europa und den GCC Ländern aufgrund von Klima, Urlaubszeiten, Feiertagen und Festivals eine signifikant ausgeprägte Saisonalität zeigt, während die Touristen aus Amerika, Australien und Neuseeland sowie den VAE und den anderen arabischen Ländern keine starken jahreszeitlichen Schwankungen bei der Nachfrage aufweisen (Bunt, van de 2004, S. 98f.).

Betrachtet man die saisonalen Schwankungen der Nachfrage über einen längeren Zeitraum von 1988 bis 2005, so ist festzustellen, dass sich die Saisonalität in den vergangenen Jahren erheblich verstärkt hat. Im Jahr 1988 waren die Unterschiede der Nachfrage zwischen der Haupt- und Nebensaison noch gering. Ab Mitte der 1990er Jahre bildete sich aufgrund des zunehmenden Urlaubsreiseverkehrs eine immer stärkere Saisonalität der Nachfrage heraus, mit einer Konzentration auf die kühleren Wintermonate und einer Nachfragesenke in den heißen Sommermonaten (Bunt, van de 2004, S. 104ff.).

4. Zusammenfassung

Die touristische Angebotsstruktur Dubais entwickelte sich in Bezug auf die Produktqualität der Hotels von Beginn der 1970er Jahre bis heute von einem uniformen zu einem stark differenzierten Markt. Während anfangs das Hotelangebot von zwei- und drei-Sterne Hotels dominiert wurde, so ist das aktuelle Angebot durch eine hohe Anzahl an vier- aber auch zunehmend fünf-Sterne Hotels gekennzeichnet. Diese Veränderung des Angebotes und die Herausbildung verschiedener Hoteltypen, sowie die zunehmende städtebauliche Erschließung der Strände stehen in Zusammenhang mit der historischen Entwicklung Dubais von einem reinen Geschäftsreiseziel hin zu einer Urlaubsdestination.

Die Nachfrage nach Beherbergung in Hotelbetrieben verzeichnete im Zeitraum von 1988 bis 2005 ein starkes Wachstum. Seit dem Jahr 1994 stellen die europäischen Länder den mengenmäßig bedeutendsten Nachfragemarkt gemessen in Hotelankünften. Innerhalb dieser Gruppe verzeichnete Großbritannien den größten Anteil vor Russland und Deutschland. Bezüglich der Präferenzen für die Wahl eines Hotelbetriebes bestehen zwischen den einzelnen Nationen erhebliche Unterschiede. Gäste aus Europa, vor allem aus Deutschland und Großbritannien, übernachten bevorzugt in Hotels der fünf-Sterne Kategorie. Hingegen wählen Touristen aus Russland größtenteils Hotels aus dem zwei- und drei-Sterne Bereich.

Die Veränderung der Nachfrage im Laufe eines Jahres zeigt eine ausgeprägte Saisonalität. Ursache für diese saisonalen Schwankungen mit. Nachfragegipfeln vor allem in den kühleren Monaten, sowie Nachfragesenken, die hauptsächlich auf die stark sinkende Nachfrage aus den europäischen Ländern während der heißen Sommermonate zurückzuführen sind, sind neben dem jahreszeitlichen Temperaturverlauf auch Großveranstaltungen, wie z.B. das Dubai Shopping Festival. Betrachtet man die saisonalen Schwankungen der Nachfrage über einen längeren Zeitraum, so ist festzustellen, dass sich die Saisonalität aufgrund des zunehmenden Urlaubsreiseverkehrs seit Mitte der 1990er Jahre erheblich verstärkt hat.

Literaturverzeichnis

Bissinger, M. (Hrsg.) (2006): *Merian – Dubai, V. A. Emirate und Oman.* Hamburg.

Bremkes, W. (2005): *Dubai – Kopie der Welt.* In: Touristik Report 24/05, S. 52. Offenbach.

Bunt, P. van de (2004): *Tourismusmetropole Dubai: Auswirkungen ökonomischer und raumwirtschaftlicher Veränderungen auf die Hotellerie im Emirat Dubai, Vereinigte Arabische Emirate.* Bochum.

Department of Tourism & Commerce Marketing (Hrsg.) (2006): *Hotel Statistics: 1996-2005 Hotel Statistics Summary.* Abrufbar unter: www.dubaitourism.co.ae

Dettmer, H. (Hrsg.) (1998): *Tourismuswirtschaft – Arbeitsbuch für Studium und Praxis.* Köln.

Heck, G. (Hrsg.) (2004): *Dubai.* Köln.

Heck, G. / Wöbcke, M. (2005): *Arabische Halbinsel.* Ostfildern.

Meyer, G. (Hrsg.) (2004): *Die Arabische Welt im Spiegel der Kulturgeographie.* In: Veröffentlichungen des Zentrums für Forschung zur Arabischen Welt, Bd. 1, S. 340-347. Flörsheim-Dalsheim.

Nakheel (Hrsg.) (2006): *The Palm Jumeirah.* Abrufbar unter: www.thepalm.ae

Ranft, F. (Hrsg.) (2002): *Dubai – Emirate.* Stuttgart.
Reisebüro Wolf (Hrsg.) (2006): *Dubai.* Abrufbar unter: www.dubai-city.de

Statistisches Bundesamt (Hrsg.) (1995): *Länderbericht Vereinigte Arabische Emirate.* Wiesbaden.

TEN Real Estate (Hrsg.) (2006): *The Trump International Hotel & Tower.* Abrufbar unter: www.realestate.theemiratesnetwork.com

BEI GRIN MACHT SICH IHR WISSEN BEZAHLT

- Wir veröffentlichen Ihre Hausarbeit,
  Bachelor- und Masterarbeit

- Ihr eigenes eBook und Buch -
  weltweit in allen wichtigen Shops

- Verdienen Sie an jedem Verkauf

Jetzt bei www.GRIN.com hochladen
und kostenlos publizieren